FASCICULE N° 1.

LE SAHARA ALGÉRIEN ILLUSTRÉ

SOUVENIRS DE VOYAGE

NOTES ET CROQUIS

1886-1887

PARIS
EN VENTE CHEZ M. G. ROLLA
46 — Rue de l'Arbre-Sec — 46
MDCCCLXXXVII

HAMMAM R'IRHA
Station Thermo-Minérale
A 3 HEURES D'ALGER

Établissement ouvert toute l'année, avec un Docteur de la Faculté de Paris, attaché à l'Établissement

Connue dès la plus haute antiquité, fréquentée par les Romains, qui en avaient fait une de leurs plus brillantes stations, n'ayant pas cessé jusqu'à ce jour d'attirer les Arabes qui y viennent en foule, la station thermo-minérale d'Hammam R'irha, grâce à de nombreux et récents travaux, répond aux besoins variés des malades qui demandent à ses différentes sources la guérison de leurs maux.

BAINS EUROPÉENS
TRAITEMENT EXTERNE

1° Sources chaudes captées dans deux larges piscines (l'une pour les dames, l'autre pour les hommes). Eau très limpide s'écoulant sans cesse. Température 43°, minéralisation puissante, combattant avec succès les rhumatismes, les suites de blessures de guerre, la goutte, les névralgies et certaines maladies de la peau parmi les plus rebelles.

2° Deux salles de douches froides et chaudes : douches écossaises, douches en cercle. Baignoires pour bains tempérés.

TRAITEMENT INTERNE

Source froide ferrugineuse, très agréable à boire avec le vin, excitant l'appétit et n'occasionnant jamais la constipation reprochée aux préparations de fer. Très efficace contre la chlorose, l'anémie et particulièrement celle qui persiste si longtemps à la suite des fièvres paludéennes, les gastralgies, les affections des reins et de la matrice, les suites de couches et la stérilité.

Quatre piscines complètement séparées sont réservées aux Arabes

Séparé par une gorge profonde des collines voisines que surmontent le pic du Zaccar, l'établissement, entouré de plantations, présente tout l'agrément et le confort désirables. Une magnifique terrasse domine toute la vallée de l'Oued-Djer. On y respire un air pur, l'élévation garantit des émanations paludéennes, et la brise de mer tempère les chaleurs de l'été.

A une petite distance de l'établissement se trouve une forêt de pins de 800 hectares, offrant aux promeneurs les plus délicieuses surprises, aux chasseurs une splendide chasse réservée, riche en gibier; aux malades, un air souverain pour les bronches délicates.

A tous ces avantages, Hammam R'irha en joint un autre estimable pour les Européens. Grâce à un ciel toujours clément, les malades peuvent y continuer, même en hiver, un traitement que la mauvaise saison eût interrompu dans les stations du continent. La situation d'Hammam R'irha, au centre de la colonie, à trois heures du chemin de fer d'Alger, en fait le rendez-vous naturel des Algériens, leur évitant ainsi tout voyage d'outre-mer.

Toutes les chambres ont des cheminées, sont très confortables et meublées avec goût. Salle à manger de 120 couverts, excellente cuisine, vaste salon avec bibliothèque française et étrangère, journaux, piano, musique, café avec salle de billard et salle de jeux.

Chevaux et mulets pour promenades.

PRIX DE LA PENSION COMPLÈTE, LE SERVICE COMPRIS : Saison d'Été 10 fr. par jour; Saison d'Hiver, 13 fr. par jour

Station de Bou-Medfa, voitures à tous les trains

Pour renseignements, s'adresser à Alger, au CRÉDIT LYONNAIS, salon des Étrangers.

PARIS. — IMPRIMERIE MATER ET Cie, 16, RUE RICHER.

LE SAHARA ALGÉRIEN ILLUSTRÉ

SOUVENIRS DE VOYAGE

NOTES ET CROQUIS

1886-1887

PARIS
EN VENTE CHEZ M. G. ROLLA
46 — Rue de l'Arbre-Sec — 46

MDCCCLXXXVII

A NOS LECTEURS

Le **Sahara Algérien** n'a pas la prétention d'être une publication savante traitant de hautes questions géographiques, économiques ou commerciales, mais un recueil modeste dont le seul mérite est de donner un juste aperçu des mœurs et coutumes des populations Sahariennes.

C'est au milieu des Arabes, sous la tente du nomade, dans les ksours des oasis, que ces notes ont été écrites, que ces croquis ont été pris; tous les détails sont donc de la plus rigoureuse exactitude.

C'est en un mot le Sahara Algérien tel qu'il est, le Sahara Algérien vécu.

Boussâada, Laghouat, le M'Zab (Ghardaïa, Berrian, Melika, Beni-Isguen, Bou-Noura, El Ateuf et Guerrara), Metlili des Chambâa, El Goléa, Ouargla (le monument Flatters), Touggourt, Biskra, etc., etc., y seront représentées, ainsi que les types les plus curieux et les scènes les plus originales.

Cette publication se composera de cinq fascicules, qui continueront à paraître le 1ᵉʳ de chaque mois, et dont la composition sera toujours organisée de façon à pouvoir en former un album.

A. DE B...

Prix du fascicule.. **1** fr.
Album complet avec reliure de luxe................................ **8** »
Fascicule d'amateur, tiré sur papier japon et numéroté............ **10** »
Album complet d'amateur... **40** »

PRIME GRATUITE

Les personnes qui désireraient souscrire immédiatement pour l'ouvrage complet, sont priées d'envoyer un mandat de 25 francs, à M. ROLLA, *46, rue de l'Arbre-Sec, Paris.*

Chaque souscripteur recevra à titre de prime gratuite avec les fascicules nᵒˢ 1 et 2 (1ᵉʳ mars), une couverture cartonnée permettant de relier soi-même cet ouvrage.

LE
SAHARA
ALGÉRIEN

PAR

A. de Boisroger

MARABOUTS DANS LES DUNES AUX ENVIRONS DE TOUGGOURT

L A partie du Sahara attenante à la zone des Hauts-Plateaux est généralement désignée sous le nom de Sahara algérien.

Le Sahara algérien est, à proprement parler, toute la partie du désert qui est soumise à nos armes, et dont les oasis nombreuses sont en notre dépendance.

Situé entre les 30° et 34° degrés de latitude Nord, et les 7° de longitude Est et 5° de longitude Ouest, le Sahara algérien confine aux massifs montagneux des trois provinces de Constantine, d'Alger et d'Oran.

De la province de Constantine dépendent les tribus puissantes qui habitent le pays des Ziban, l'Oued-Righ, l'Oued-Souf.

Dans la province d'Alger, qui s'enfonce comme un coin et pénètre plus avant dans le Sahara, sont enclavés les territoires des Larbaa, tribu de cavaliers; des Beni-M'Zab, de Ouargla, des Chambâa.

A la province d'Oran appartiennent les tribus des Hamian et des Oulad-sidi-Cheick.

Une partie de la population du Sahara algérien est nomade; l'autre sédentaire. Cette dernière occupe les ksours des différentes oasis.

Les nomades vivent sous la tente. Ils possèdent des troupeaux considérables de moutons, de chèvres et de chameaux. A la belle saison, les nomades gagnent la région des Hauts-Plateaux et descendent vers le Tell, la végétation devenant insuffisante pour nourrir leurs troupeaux.

Une tribu en voyage offre un spectacle curieux.

Des hommes à cheval, le fusil en travers de la selle, ouvrent la marche et guident la longue file des chameaux, qui avancent gravement; puis viennent pêle-mêle et en rangs pressés les chèvres et les moutons, que suivent quelques vaches étiques et des bourricots chargés outre mesure.

Les femmes jeunes et vieilles font la route à pied, portant sur le dos les plus petits des enfants. Seules, celles qui appartiennent à un Arabe riche, se prélassent à dos de chameau dans une sorte de palanquin appelé bassour. Sur les flancs et à la queue de la colonne marchent le reste des cavaliers, qui assurent le bon ordre et font rejoindre les retardataires. La nuit venue, la colonne campe là où elle se trouve, pour repartir le lendemain au lever du jour.

En temps ordinaire, les nomades transportent les produits des oasis dans le Tell, d'où ils rapportent les marchandises nécessaires à l'approvisionnement des ksours.

Le chameau est, pour tous les Sahariens, une source de richesses. Indépendamment des services qu'il rend pour les transports, il fournit encore d'autres profits. Son poil sert à la confection des tentes, des burnous, des kaïcks et des autres tissus à leur usage; sa peau donne un cuir d'un excellent emploi.

Le chameau que les Arabes désignent sous le nom de Djemel n'a qu'une bosse, c'est donc un dromadaire.

Le dromadaire mâle s'appelle Beir, la femelle Naga. Le dromadaire ne vit pas à l'état sauvage en Algérie, mais à l'état domestique. On n'en vient à bout que par la douceur et la patience.

Une naga porte un an et n'a qu'un seul petit qui marche dès sa naissance. Un dromadaire vit en moyenne de 30 à 40 ans. Il peut porter de 200 à 300 kilogrammes et fait, avec ce poids, de 12 à 15 lieues par jour. Quand le dromadaire devient vieux et porte mal la charge, on l'engraisse et il est vendu pour la consommation. Sa chair est presque aussi bonne et aussi saine que celle du bœuf.

CHEF DE TRIBU (CAÏD)

Les Ksouriens cultivent les jardins des oasis et se livrent au commerce. L'arbre principal des oasis est le palmier dattier; c'est l'arbre saharien par excellence. Le fruit qu'il donne, la datte, est la base de l'alimentation des peuplades nomades ou sédentaires disséminées dans le Sahara algérien. Sa culture est, on le comprend, de la plus haute importance.

Le dattier ne pousse que sous une température moyenne de 20 à 25 degrés. Il faut qu'il ait « la tête dans le feu et les pieds dans l'eau ». Ses fleurs se montrent chaque printemps vers la fin de mars, et ses fruits atteignent leur maturité vers la fin d'octobre. Chaque pied de palmier doit être arrosé individuellement; l'on y arrive en creusant près du tronc un trou circulaire qui, en communication par des rigoles avec les autres arbres, reçoit sa part de l'eau qui sert à l'irrigation de toute l'oasis. Un dattier produit par an une dizaine de régimes donnant chacun de 8 à 10 kilos de dattes et rapporte environ 25 francs par an; un hectare produit une centaine de palmiers, c'est donc un rapport annuel de 2,500 francs. Mais ces chiffres n'ont rien d'absolu, le prix des dattes variant selon les années, les provinces et la récolte.

Les oasis rompent seules l'aride uniformité du Sahara algérien, pays de sables et de vastes solitudes

LE FUMEUR DE KIEF

PANORAMA DE GHARDAÏA
(Vue prise de Melika, M'Zab)

LES OULAD-NAÏL A LAGHOUAT

LE SAHARA ALGÉRIEN

SIDI BARKAT, A BISKRA

Oasis est un mot d'origine égyptienne passé dans la langue grecque, et adopté par nous pour désigner un lieu arrosé et couvert de végétation, isolé au milieu du désert sablonneux comme une île au milieu de la mer.

Le nom arabe est rhaba qui signifie littéralement bas-fond couvert de végétations et c'est en effet, dans les parties basses et humides du désert que l'on rencontre les oasis.

Une erreur assez répandue consiste à les croire disséminées au hasard. Il est rare, au contraire, de les rencontrer isolées et inhabitées.

Dans le Sahara algérien, les oasis sont groupées en archipels, à portée des rivières qui descendent de l'Atlas, et dont les eaux vives captées en amont et dirigées dans les séguias (canaux) servent à l'irrigation des cultures.

La principale culture des oasis est, nous l'avons dit, celle du palmier dattier, mais on y trouve aussi des figuiers, des abricotiers, des orangers, des citronniers, des bananiers, de la vigne ; on y cultive en outre avec profit l'orge, la luzerne, le tabac, le navet, l'oignon, la citrouille et la pastèque.

Les oasis du Sahara algérien sont d'une merveilleuse fertilité.

JUIVE DU DÉSERT

Les villages élevés au milieu des oasis s'appellent ksour ou dachera.

Leur population se compose de Berbères, d'Arabes et de Nègres sahariens et soudaniens.

Les premiers s'adonnent au commerce et à l'industrie, mais les nègres, réfractaires à l'impaludisme, ne s'occupent guère que de culture.

Les ksours les plus importants possèdent en outre une population flottante fournie par les troupes, les fonctionnaires civils et militaires, à laquelle il convient d'ajouter des Juifs et quelques Maltais.

Le vaste territoire du Sahara algérien est, pour la facilité de l'administration, divisé en cercles.

Un cercle est administré par un officier du grade de commandant, lieutenant-colonel ou colonel, qui prend le grade de commandant supérieur; sous ses ordres et pour l'aider dans son administration, est placé un bureau arabe, ordinairement composé d'un capitaine, chef de bureau, assisté suivant l'importance du bureau, de deux ou trois officiers, et d'autant d'interprètes.

Le Sahara algérien est territoire militaire.

Voici quelles sont les différentes divisions administratives des populations sahariennes.

Le douar, qui n'est autre chose que le groupement de quelques tentes amies ou liées par quelques questions d'intérêt, peut être considéré comme la base de la constitution sociale des Arabes.

La réunion de plusieurs douars forme une ferka (section) obéissant à un cheick, qui, comme fonctionnaire reçoit l'investiture de l'autorité publique.

Le cheick est nommé par le commandant de la subdivision, sur la présentation du caïd, sous la direction duquel il règle dans sa ferka, les contestations relatives aux labours. Il aide à la répartition et à la rentrée des amendes et de l'impôt, et rassemble les bêtes de somme requises pour les convois, par l'autorité militaire. Ses fonctions lui donnent une position analogue à celle du maire dans la commune française.

Le cheick est assisté dans toutes les fonctions importantes par la réunion des principaux notables des douars placés sous ses ordres.

Cette réunion prend le nom de djema.

Plusieurs ferkas réunies, ou même une seule ferka, si elle est considérable, constituent une tribu.

La tribu est commandée par un caïd.

Le caïd est choisi parmi les hommes les plus marquants de sa tribu. Il est nommé par le commandant de la division, sur la présentation du commandant de la subdivision. Le caïd est responsable de sa tribu, vis-à-vis de l'autorité française. C'est lui qui perçoit l'impôt, qui est chargé du bon ordre, et juge les actes de désobéissance et les rixes. Il peut frapper des amendes jusqu'à concurrence de 25 fr. En temps d'expédition le caïd lève un contingent de cavaliers qu'il commande, et qui marche avec nos troupes.

Les caïds n'ont pas de traitement fixe, mais ils sont autorisés à percevoir un tant pour cent, sur les impôts et les amendes.

Le groupement d'un certain nombre de tribus forme un aghalick, sous les ordres d'un agha ou d'un kaïd el kouad (caïd des caïds) appellation qui tend à se substituer à celle d'agha.

L'agha, généralement issu d'une famille influente, ou ancien chef militaire à notre solde, est nommé par le ministre, sur la présentation du commandant de la subdivision.

L'agha a pour mission de surveiller les caïds des différentes tribus placées sous ses ordres. Il centralise l'impôt.

En temps de guerre, il commande les contingents convoqués par l'autorité militaire. Comme le caïd il juge les contestations, mais dans des cas plus graves. Il peut imposer des amendes de 50 fr. Il y a trois classes d'aghas.

Des aghalicks peuvent former une circonscription relevant d'un bach-agha (chef des aghas).

Cette division est en train de disparaître.

Il n'est, en effet, plus nommé de bach-agha. Des événements récents ont démontré l'inconvénient qu'il y avait à laisser une autorité et une puissance aussi considérables, entre les mains d'un chef indigène, qui peut, à un moment donné, s'en servir contre nous.

Certains bach-aghas et aghas indépendants exercent sur leur territoire une autorité politique et administrative. Ils ont une troupe indigène armée et soldée par la France, pour assurer la tranquillité, mais ils ne peuvent entreprendre d'opérations sans l'assentiment du commandant de cercle.

Dans chaque tribu est installé un kadi qui rend la justice, règle les contestations civiles, dresse les actes de mariage, prononce les divorces. Le kadi nommé par le commandant de la subdivision doit avoir un certificat de capacité du tribunal supérieur indigène.

Les kadis ne peuvent condamner à la prison, sans prendre l'attache de l'autorité française.

Ils n'ont pas de traitement fixe, mais touchent des droits pour les actes qu'ils rédigent. Les jugements qu'ils rendent sont (disent les méchantes langues) également pour eux une source de bénéfices.

Les kadis des villes, indépendamment du prix qu'ils prélèvent sur les actes qu'ils établissent, ont un traitement fixe.

Les habitants du Sahara algérien, comme du reste, les autres habitants de l'Algérie, sont polygames.

Pour l'Arabe riche, la femme est un objet de luxe, chez l'Arabe pauvre, c'est un aide pour ses travaux, souvent une bête de somme; mais quelle que soit sa condition, la femme arabe est toujours tenue dans le plus complet état d'infériorité.

Les Arabes disent : *La naissance d'une fille est une malédiction.*

Les mariages, sauf ceux contractés entre familles influentes, ne sont que marchés. Quand un Arabe a trouvé parmi les familles qui l'entourent, une jeune fille qui lui plaît, il va trouver le père de celle-ci et lui demande, non la main de sa fille, mais quelle somme il veut en échange. L'affaire conclue, le mari emmène chez lui celle qu'il vient d'acheter pour en faire sa femme.

Souvent, ces mariages ne donnent pas de bons résultats, il y a rapidement désaccord entre les époux. L'Arabe riche s'en console aisément en achetant une nouvelle femme, mais l'Arabe pauvre qui n'a pas à sa disposition l'argent nécessaire, a recours au divorce.

Moyennant une somme modique, le divorce est prononcé. Si les torts sont du côté de la femme, son mari la renvoie dans sa famille et son beau-père lui rend la somme qu'il a payée. Si les torts sont réciproques, moitié seulement de l'argent est rendue au mari; enfin si le divorce est prononcé contre l'époux, la femme retourne chez ses parents et celui-ci n'a droit à aucune restitution.

D'après la loi de Mahomet, tout musulman a droit de posséder trois femmes légitimes; plus une négresse. Il peut, outre celles-ci, en avoir d'autres illégitimes, autant que sa fortune lui permet d'en nourrir; c'est alors un harem.

Les femmes sont d'un prix plus ou moins élevé, suivant leur beauté, leur âge, leur naissance et aussi suivant les contrées.

Une femme coûte, prix minimum, vingt douros (100 fr.), il y en a de mittin douros (1,000 fr.) et au-dessus.

Une femme divorcée se paie moins cher qu'une jeune fille.

Certaines unions étant conclues alors que la jeune fille est encore enfant, le mariage n'est consommé que lorsque celle-ci est nubile (environ douze ans).

Tous les actes nécessités par ces différents cas d'unions et de désunions sont, ainsi que nous l'avons dit, dressés par les kadis, qui, en outre de leur caractère officiel ont aussi une influence morale considérable sur les populations qu'ils dirigent.

Un cercle, qui comprend plusieurs caïdats est plus ou moins étendu, plus ou moins important, selon que les tribus qu'il a sur son territoire, sont plus ou moins considérables.

C'est dans les principaux ksours des principales oasis que résident les différents commandants de cercles. Ces ksours possèdent tous une garnison composée de troupes d'armes diverses.

Tous les mois, dans les premiers jours, les chefs indigènes sont tenus de venir faire leur rapport, rendre leurs comptes et prendre les ordres aux officiers du Bureau arabe, dont ils dépendent. Cette convocation mensuelle, s'appelle le Kannoun.

Le service de la correspondance et les communications avec les tribus sont assurés en partie par des spahis indigènes détachés près du chef du Bureau arabe, en partie par des cavaliers indigènes, à la solde du bureau, appelés vulgairement (cavaliers bleus) par opposition avec les spahis qui portent le burnous rouge, tandis qu'eux-mêmes revêtent le burnous bleu.

Ces cavaliers pour les appeler de leur nom véritable sont des maghazni.

Chaque bureau arabe possède un ou plusieurs chaouchs.

Le chaouch est un indigène, parlant notre langue, qui remplit près du chef du bureau les fonctions d'huissier.

LE JUIF ALGÉRIEN

C'est le chaouch, qui introduit les visiteurs et présente les Arabes qui ont une réclamation à faire. Quand la foule des solliciteurs est nombreuse, et par trop bruyante, le chaouch, n'hésite pas à employer la matraque (bâton) dont il est armé, et rétablit promptement le bon ordre.

Les ksours d'une certaine importance qui possèdent une garnison, et quelques fonctionnaires, sont en général fort habitables, et les ressources y sont certainement aussi nombreuses que dans la plupart des petites villes de France.

Les oasis principales de la province de Constantine sont celles de Biskra, de Zéribet el Oued, de Sidi Okba, de Zaatcha, d'El Amri, dans le pays des Ziban, de Tuggurt et de Temacin dans l'Oued-Righ et d'El Oued dans le Souf.

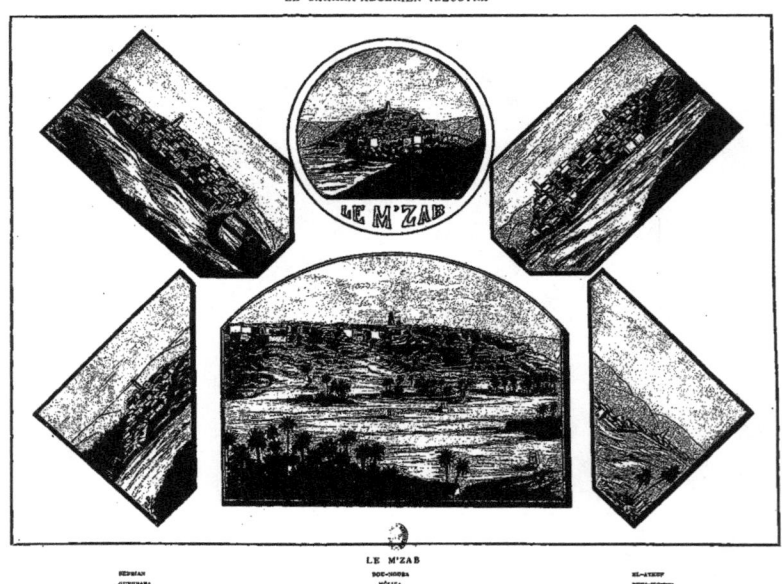

ÉTUDES ET CROQUIS

D'Alger à Laghouat

AUMALE, BOUSSAADA, DJELFA, BOGHAR, Etc.

NOTES DE VOYAGE

PAR

LE LIEUTENANT G...

D'ALGER A LAGHOUAT

La chaleur du jour tombée, nous étions installés chez Grüber, le café à la mode et le rendez-vous du Tout-Alger élégant.

De la terrasse, bondée de consommateurs, nous regardions passer la rue.

Étrangers, le nez en l'air, s'arrêtant aux sollicitations pressantes des marchands, Juifs affairés, Arabes enveloppés de burnous de fine laine, promenant leur gravité sur les quais ensoleillés.

A chaque instant, les yaouled pieds nus, la tête rase, portant allégrement leur petite boîte de cireurs, vous sautaient aux jambes disant dans leur français baroque :

— Cirez, Mossiou, comme la glace.

Défilé pittoresque et multicolore.

Puis, à nos pieds, la mer bleue reflétant les derniers rayons du soleil couchant, piquée au loin de petites taches blanches que lui faisaient les balancelles et les légers bateaux de pêche. . . . .

— Parbleu, dit le grand Karamor, ancien spahi, revenu pour un voyage dans le Sud algérien, le beau pays, Messieurs, et qu'il fait bon vivre. Mais, c'est égal. Alger sent trop la grande ville, et rien ne vaut, à mon humble avis, les longues étapes de la plaine. Là se trouve le vrai, le seul Arabe, et non l'indigène élégant et francisé de vos boulevards. Aussi, après-demain, je pars. Voyons, Messieurs, qui de vous m'accompagne?

— Ma foi, dit ce paresseux de Willis, je suis trop bien dans ma villa, le soleil est encore chaud, j'attendrai que les chemins de fer fonctionnent pour me livrer à une excursion dans le Sud.

— Sybarite! grommela Karamor.

— Moi, dit Barnab, je retourne à mes vignes; mais, j'y pense, peut-être t'arrivera-t-il un compagnon de route par le paquebot de ce soir?

— Au fait, dit Karamor, il se pourrait que de Gianne vînt comme il nous l'a promis, et, comme rien ne le retient à Alger, je me charge de le décider à être du voyage.

A ce moment un son rauque, pareil à celui dont vous assourdissent les gamins de Paris en temps de carnaval, annonçait l'entrée dans le port de la *Ville de Naples*.

L'arrivée du paquebot attire toujours les nombreux promeneurs. Rien d'amusant comme ces barques qui luttent de vitesse pour arriver premières au navire et s'accrochent à ses flancs. Les portefaix escaladent le bâtiment encore en marche et s'emparent des colis du malheureux voyageur qui a grand'peine à défendre ses bagages.

L'ancre jetée, le calme fait place au brouhaha du premier moment, et les passagers, installés dans les barques de leur choix, abordent enfin à leur grande satisfaction.

A peine à terre, les sollicitations des Biskri recommencent, essayant de se faire donner la préférence pour porter plaids et valises, les gros bagages étant scrupuleusement déposés à la douane.

Les Biskri sont des indigènes venant de Biskra, capitale du Zab. Ils quittent leur pays pour venir à Alger gagner quelque argent qui leur permette de retourner chez eux vivre à l'abri du besoin. Ils occupent tout un quartier de la ville et sont employés sur le port aux plus durs travaux.

Par extension, on a donné en Algérie le nom de Biskri aux portefaix, aux manœuvres, enfin à tous ceux qui sont à gages.

Mêlés à la foule, nous regardions ce débarquement vu cent fois et toujours nouveau.

— Tiens, dit Barnab, mais le voilà, mon cher Karamor, ton compagnon de route; si je ne me trompe, j'aperçois là-bas de Glanne dans cette barque.

Dégringoler les escaliers qui mènent au port, fut pour nous l'affaire d'un instant, et de Glanne était à peine à terre que nous lui donnions vigoureusement l'accolade.

— Tu sais, dit sans préambule Karamor, tu ne fais que passer à Alger; tu séjourneras à ton retour si tu veux. Pour l'instant, je t'emmène avec moi dans le Sud; mais, en attendant, tu dois mourir de faim, je t'expliquerai tout cela à table.

Une heure après, nous dînions tous les quatre, et persuadé par l'ex-spahi, qui lui faisait un tableau enchanteur du Sud, de Glanne parlait de partir dès le lendemain.

— Non pas, dit Karamor, demain repos, la journée sera employée aux achats nécessaires pour le voyage, et après-demain, à la pointe du jour, nous nous mettrons en route.

Deux jours après, les deux touristes faisaient leurs adieux aux amis venus pour leur souhaiter bon voyage et s'installaient dans la diligence d'Aumale.

Ce sont les notes de Karamor écrites rapidement au hasard de la route, tantôt sur le pommeau de sa selle, tantôt sur un coin de table ou sur ses genoux, que nous publions. . . . .

. . . . . Nous voici donc partis, enfoncés de notre mieux, dans le coupé de la diligence vieux jeu, qui nous transporte à Aumale. Les sept petits chevaux, la queue coquettement troussée, les grelots au collier, nous emmènent vivement, trottant leur trot cadencé et soutenu.

Nous traversons Sidi-Moussa, situé sur l'Oued-Djemma. La route passe au milieu de terres bien cultivées, sur lesquelles s'élèvent les pittoresques haouch (fermes) turcs ou arabes, aux fenêtres étroites et grillées, blanchis à la chaux, encadrés d'orangeries.

Encore un temps de trot et nous sommes à l'Arba. Pendant que l'on change de chevaux, nous parcourons ce village en entier de construction française.

— En voiture! crie le père Louis, notre postillon.

Le soleil monte, il commence à faire chaud, quoiqu'il soit à peine neuf heures. Nous quittons le coupé et grimpons à côté de notre conducteur, bien abrités sous la bâche de l'impériale.

Le père Louis nous conte son histoire, voici tantôt vingt ans qu'il fait le métier. Il en a vu de dures. Avant l'établissement du service par diligence, il a fait le courrier à cheval, et a dû plusieurs fois se défendre contre les attaques des Arabes. Enfin, ajoute-t-il en tirant sur sa pipe, tout cela ne m'empêchera pas d'ici six mois de me retirer et de cultiver ma petite concession.

Tout en devisant, nous passons par Sakhamoudi, point culminant de la route d'Alger à Aumale.

Gravés sur le roc sont les noms du maréchal Bugeaud et du colonel Mollière, du 13ᵉ léger, qui y bivouaquèrent lors de l'expédition de Kabylie.

Nous brûlons Aïn-Beurd et nous sommes à Tablatt. Rien de remarquable. Tablatt, commune mixte, possède un administrateur civil, dont les cavaliers bleus animent seuls la rue principale, qui n'est autre que la grand'route.

Nous déjeunons fraternellement avec le père Louis; les deux autres voyageurs, un M'Zabite et un Juif, marchands à Aumâle, se contentent d'une galette arrosée de quelques gorgées d'eau.

Les deux heures accordées pour déjeuner sont écoulées. Allons, en route.

Les chevaux repartent en secouant leurs grelots.

A quelques kilomètres, les moulins de Si-Allal, sur l'Oued-Zar'ouat. Puis : El Bethom (les frênes) et Bir-Rebalou; notre dernier relai.

C'est un assez gros village de la fertile plaine des Arib. Le soleil baisse à l'horizon, inondant la plaine de ses lueurs d'incendie. Le père Louis allonge ses coups de chambrière, il faut être à l'heure à Aumale. La diligence passe aux claquements de son fouet aux Trembles; les chevaux excités vont une allure endiablée.

Enfin là-bas, au pied du Djebel-Dira, apparaît Aumale; encore quelques tours de roue et nous y entrons avec un fracas qui fait sortir les habitants sur le seuil de leurs portes.

Nous sommes reçus à bras ouverts par quelques officiers de spahis et du bureau arabe, connus autrefois pendant mon séjour en Algérie. Ces Messieurs nous entraînent à l'hôtel, où est préparé en notre honneur un fort bon dîner. Le soir, après notre présentation au cercle militaire, nous allons dans un café maure où chantent trois Juives d'Alger.

Une petite salle basse ne recevant de jour que par la porte grande ouverte, les murs et le

LA PRIÈRE

plafond blancs de chaux, des bancs et des tabourets de bois pour les spectateurs, une estrade recouverte d'un tapis pour les chanteuses et les musiciens, voilà tout le concert.

La salle est pleine quand nous y entrons; le kaouadji (cafetier) fait faire place, et nous installe sur un banc au pied de l'estrade.

Dans un angle, une espèce de fourneau, où se prépare un excellent café, qu'on nous apporte bouillant servi dans de petites tasses à filigranes d'or.

Les chanteuses portent le costume des juives d'Alger, vestes de soie brodées d'or et d'argent, ceintures multicolores, larges pantalons serrés à la cheville, bracelets d'or aux bras et à leurs pieds nus, et lourdes boucles d'oreilles de même métal. Un foulard de soie cache la chevelure d'un noir de jais.

Toutes trois sont jeunes et jolies.

Elles s'accompagnent en chantant sur le derbonka (sorte de vase recouvert de parchemin à l'une de ses extrémités); les hommes raclent d'une espèce de violon.

Hommes et femmes, assis à la mode arabe, chantent une mélopée au rythme traînant.

ZAOUÏA DE TEMASSIN
(Province de Constantine)

BOU-SAÂDA — VUE D'ENSEMBLE

Les spectateurs indigènes suivent le chant avec intérêt, balançant en mesure leur tête de droite et de gauche.

Le morceau fini, une des chanteuses fait la quête, et chacun donne son obole.

Entre temps, le cafetier vient demander quelques sous, prix de l'entrée au concert.

Ces troupes juives, qui se transportent de ville en ville, obtiennent toujours un grand succès parmi les Arabes, surtout si les femmes sont jolies.

Nous quittons le concert pour aller prendre un repos bien gagné; et une heure après nous dormions à poings fermés dans les lits hospitaliers de l'hôtel du Roulage.

. . . .

Salem alekoum (bonjour à vous tous).

J'ouvre les yeux, debouts au pied de mon lit j'aperçois deux figures qui ne me sont pas inconnues.

Eh! parbleu! je suis bien éveillé, je ne me trompe pas, ce sont d'anciens cavaliers du goum de Bou-Saâda, Rahmoun ben Mohammed et Abdallah ben Ahmet.

Ils nous amènent des chevaux, et nous serviront de guides pendant la route.

Deux solides gaillards que ces Arabes.

Rahmoun, petit, trapu, la barbe courte et rare, la figure bronzée du nomade. Les yeux intelligents éclairent seuls sa physionomie ordinairement impassible. D'un certain âge, il a beaucoup voyagé et sera d'un précieux concours.

Abdallah, grand, imberbe, la silhouette élégante, la figure fine, présente le type de l'Arabe qui a vécu au contact de la vie française. Il parle assez bien notre langue et connaît les habitudes européennes.

Après les politesses d'usage, les braves indigènes me donnent des nouvelles de mon excellent ami le docteur Garin, médecin à Bou-Saâda, qui me les a adressés, et font l'éloge des chevaux qui nous sont destinés.

— Toi voir, me dit Rahmoun : bons les chevaux, faire bon la route.

Nos montures sont logées au fondouck voisin (auberge arabe). Elles reposeront aujourd'hui, et il est entendu que le départ pour Bou-Saâda aura lieu demain avant le lever du jour.

Réveil à 3 heures, départ à 4 heures, comme au régiment.

Je renvoie mes cavaliers à leurs chevaux et j'annonce à de Glanne, qui s'éveille, notre départ prochain.

La journée promet d'être chaude, le soleil darde ses rayons qui tombent d'aplomb sur la ville.

Allons, du courage, il n'y a pas de temps à perdre; la valise à boucler, les visites à faire, dîner, puis prendre un peu de repos, le temps sera vite passé.

Aussi, habillés en un clin d'œil, nous lançons-nous par les rues irradiées de soleil.

Aumale, situé par 36° de latitude septentrionale et 1°21' de longitude orientale, au pied nord du Djebel-Dira, à 850 mètres au-dessus du niveau de la mer, sur les bords escarpés de l'Oued-Lekal (rivière Noire), peut se décrire :

Une longue rue de 1,000 mètres à laquelle aboutissent quelques petites rues secondaires. Un mur crénelé percé de quatre portes : d'Alger, de Bou-Saâda, de Sétif, de Médéa, entoure la ville, dont la population est de 5,000 habitants. . . . .
. . . .

Un grand bruit de chevaux dans la rue endormie.

La lune agonise au ciel. A cheval.

Notre petite troupe se met en marche, et vraiment, nous n'avons pas mauvais air. De Glanne et moi marchons en tête, suivis de nos deux cavaliers qui, bien campés sur leurs selles à hauts dossiers, drapés dans d'épais burnous, la tête encadrée de leur haïck, le fusil jeté en travers de la selle, chantent à mi-voix une chanson du pays.

Nous quittons Aumale qui dort, et nous nous engageons sur la route qui contourne le Djebel-Dira.

Au fur et à mesure que nous gravissons, les lueurs rouges du soleil levant percent à l'Orient, la montagne s'éclaire et s'éveille.

Nous arrêtons nos chevaux, contemplant ce spectacle merveilleux, pendant que Rahmoun, en bon vieux croyant, se prosterne vers l'Orient faisant sa prière accoutumée . . . .
. . . . . Des tentes qui bordent le sentier sortent les femmes, les yeux encore gros de sommeil.

Les troupeaux s'éparpillent dans les hautes herbes le long de l'Oued-Djennan (rivière des jardins), la rivière aux affluents multiples et aux rives fleuries que nous cotoyons.

Nos chevaux vont ce pas allongé propre aux chevaux arabes.

Le temps de fumer quelques cigarettes et nous sommes à Sidi-Aïssa, un caravansérail délabré tenu par des Juifs sales.

A quelques trois cents mètres s'élève la koubba (tombeau) blanche qui renferme les restes sacrés du marabout Sidi-Aïssa.

A droite, dans le lointain, les crêtes du Djebel-Ouennoura.

Il est dix heures, nous allons laisser passer la grosse chaleur, avant de nous remettre en route. Bêtes et gens ont besoin de quelques heures d'ombre.

La terre est toujours brûlante, mais le soleil baisse à l'horizon, jetant ses derniers flots de pourpre et d'or. Nous repartons. Bien loin devant nous, le caravansérail d'Aïn-el-Hadjel semble un point imperceptible.

C'est là que nous passerons la nuit. In Schallah (s'il plaît à Dieu), dit gravement Rahmoun qui écoute notre conversation.

Nous traversons l'Oued-el-Hamm (rivière de la viande), ainsi nommée parce qu'en ses jours de fureur elle engloutit troupeaux et bergers qui se trouvent sur ses rives. Fort heureusement, il n'a pas plu ces jours derniers; et nous franchissons un Oued-el-Hamm inoffensif.

Nous voici arrivés à Aïn-el-Hadjel; nous allons donc dîner avec l'appétit que donnent 65 kilomètres parcourus.

Fatalité, le caravansérail est désert.

— Ah bien, non, tu sais, dit de Glanne furieux, j'en ai assez, de ta promenade dans le Sud; ce matin on déjeune presque et mal, si ce soir l'on ne dîne pas, ce sera complet.

— Mon cher, lui dis-je, à la guerre comme à la guerre, nous allons tâcher de trouver quelque chose à nous mettre sous la dent.

— Tiens, choff (regarde), me dit Abdallah, là-bas les tentes des Arabes; si tu veux, j'irai leur demander l'hospitalité.

Un cavalier, debout sur ses étriers, galope dans notre direction.

— Ce doit être un envoyé du caïd, continue Abdallah; il vient certainement vous prier de passer la nuit dans son douar.

C'est, en effet, un messager du caïd Djabri, son propre neveu, qui nous supplie de vouloir bien accepter l'hospitalité pour nous, nos gens et nos montures.

Il tombe à souhait, aussi nous acceptons avec empressement et suivons notre guide.

Le douar du caïd Djabri est établi en ce moment sur les bords de l'Oued-el-Hamm.

Une cinquantaine de tentes, habitées par ses parents et ses cavaliers, sont groupées autour des trois siennes.

Une tente pour lui, une pour sa famille, une pour ses hôtes.

Djabri pratique la plus large hospitalité. Ancien spahi, nommé caïd de sa tribu, il aime la France et les Français. Mais ce qu'il aime par dessus tout, c'est la chasse. Il passe parmi les siens pour un des meilleurs tireurs et l'un des plus habiles chasseurs de la contrée.

Sa chasse de prédilection est la chasse à la gazelle.

Marhaba-Bikum (soyez les bienvenus) nous dit-il, vous êtes ici chez vous et je suis heureux de pouvoir vous être utile.

..... Dans la tente spacieuse, nous nous groupons assis sur des coussins autour de la petite table (meïda) sur laquelle nous est servie la diffa.

Le caïd et un cheick du douar partagent notre repas, auquel s'associent également nos deux cavaliers. L'on nous sert d'abord un potage fortement épicé; puis défilent : de petits morceaux de viandes sautés dans le beurre; un fort bon couscouss accompagné de sa sauce au poivre rouge et un succulent messaouer. C'est un mouton entier merveilleusement cuit par deux indigènes, qui le tournent et le retournent au-dessus d'un feu d'herbes et de racines.

Des gâteaux au miel (Zelabia) et du café parfait terminent ce festin.

De Glanne a repris sa bonne humeur et trouve que la vie sous la tente a du bon. . . . .

. . . .

Trois heures du matin environ, il fait un clair de lune superbe, les chevaux tout sellés nous attendent; l'on nous sert le café du départ et nous prenons congé de notre hôte, levé pour nous voir partir. Dieu vous accompagne dans votre voyage, nous dit-il, d'une voix grave, au moment où nous nous éloignons.

Nous nous arrêtons quelques heures à Aïn-Kermann, caravansérail tenu dans le goût de celui de Sidi-Aïssa.

Continuant notre route qui suit les derniers contreforts du Djebel-Sellat, nous passons au puits de Sidi-Brahim, et à l'Ed-Dis, petite oasis de 800 palmiers.

C'est là que nous attendent le docteur Garin et quelques officiers venus aimablement à notre rencontre.

Nous achevons gaiement les derniers kilomètres qui nous restent à faire et nous entrons en un peloton joyeux à Bou-Saâda.

Bou-Saâda (l'endroit du bonheur).

La légende raconte que le chérif Slimann ben Rabia et le taleb Si Tamer, fondateurs de la ville, devisaient ensemble sur le nom à donner à la cité naissante.

Une négresse vint à passer appelant sa chienne : Saâda, Saâda (heureuse). Ceci leur parut de bon augure et ils nommèrent Bou-Saâda, l'oasis dans laquelle était construite la ville nouvelle.

Bou-Saâda est bâti en amphithéâtre.

Le fort et le réduit où doivent se réfugier les troupes en cas d'investissement dominent la ville.

Sur la grande place et dans le quartier qui s'étendent au pied du fort s'élèvent quelques constructions européennes (église, école, justice de paix).

Donnant sur la place aussi, le cercle militaire avec son jardin planté de palmiers, de grenadiers et de rosiers toujours en fleurs, abrité du soleil par de grands mûriers centenaires.

Le reste de la ville a l'aspect tout à fait saharien, petites rues pierreuses bordées de maisons en terre à la teinte grisâtre.

Bou-Saâda est divisé en quartiers des : Mohamin, Oulad Hameida, Chorfa Achacha, Oulad el Halleug.

L'oued Bou-Saâda passe au milieu des jardins remplis de palmiers et d'arbres à fruits, les divisant en deux parties. L'une attenante à la ville, l'autre commençant à la rivière.

La vigne pousse au gré de son caprice grimpant le long des arbres, s'échappant par dessus les murs d'un jardin à l'autre, tendant les rues de sa végétation extravagante.

La population est d'environ 6,000 habitants dont une quarantaine d'Européens et 500 Israélites.

Quelques juifs au type repoussant fabriquent de grossiers bijoux d'or et d'argent, et distillent de l'alcool de figues.

Une élégante de Bou-Saâda veut-elle un bracelet, elle doit en fournir le métal. A cet effet elle donne au fabricant tant de pièces de cent sous (douros) ou tant de louis, selon ce qu'elle désire. Et c'est avec cet argent ou cet or fondus dans un creuset qu'est fait le bijou, qui est ensuite travaillé au marteau.

Nous sommes si bien dans la petite maison du docteur cachée dans la verdure et les fleurs que nous y resterions plus de temps qu'il ne nous est donné d'y demeurer.

BIJOUTIERS AMBULANTS

Malheureusement le temps nous est compté, nous séjournerons trois jours.

Le temps d'assister à une chasse au faucon et d'aller rendre visite à Si Mohammed le grand marabout du pays.

Une quinzaine de personnes au rendez-vous de Mohammed ben Diff.

Agha de l'Oued chaïr, conseiller général, d'une famille de chefs religieux, Ben Diff jouit d'une grande influence; correct et élégant, la figure fine et énergique, tel est l'hôte qui nous a conviés à une chasse au faucon.

Aussi, officiers et fonctionnaires, le tout Bou-Saâda enfin est-il de la fête. Le thaër, l'oiseau employé est une variété du faucon, il est de petite taille et d'un dressage difficile. L'Agha Ben Diff est un des fauconniers émérites de la province d'Alger; seul le caïd Lagdar de Djelfa rivalise avec lui dans l'art de la chasse du haut vol.

GUERRARA
(Porte des Caravanes)

FASCICULE N° 2. et dernier

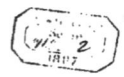

LE SAHARA ALGÉRIEN ILLUSTRÉ

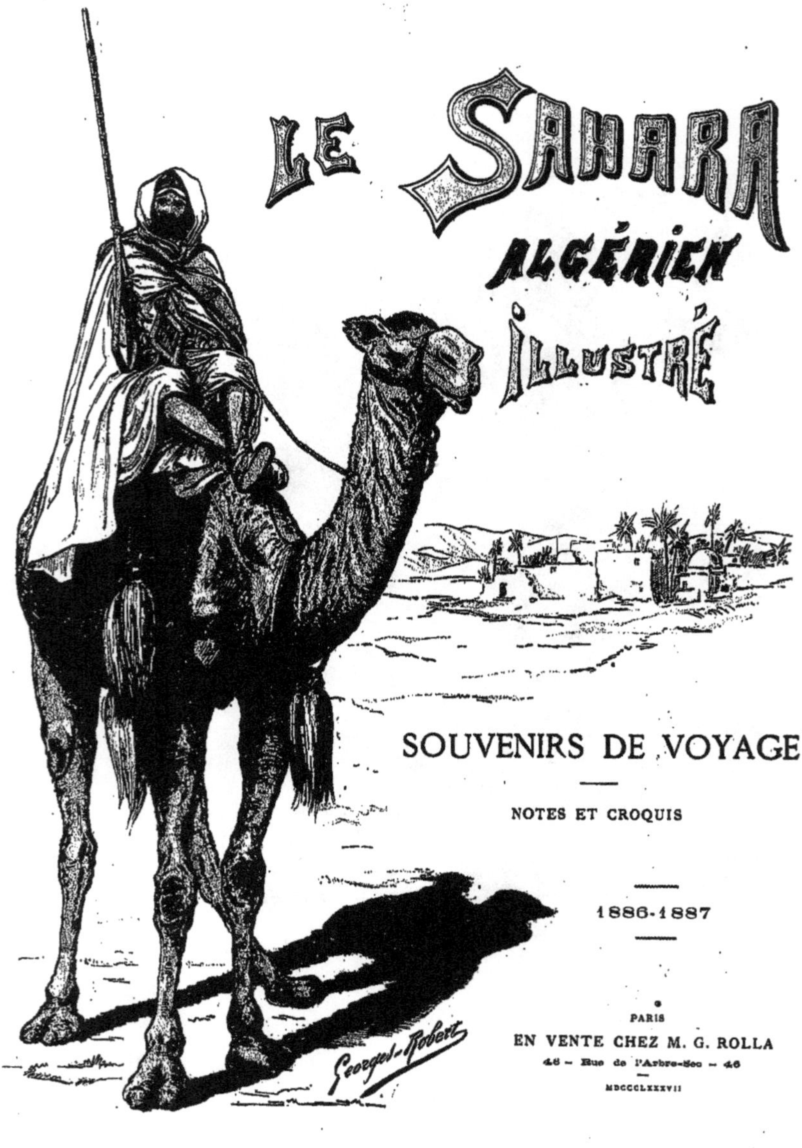

SOUVENIRS DE VOYAGE

NOTES ET CROQUIS

1886-1887

PARIS
EN VENTE CHEZ M. G. ROLLA
46 – Rue de l'Arbre-Sec – 46
MDCCCLXXXVII

(Conserve)

HAMMAM R'IRHA
Station Thermo-Minérale
A 3 HEURES D'ALGER

Établissement ouvert toute l'année, avec un Docteur de la Faculté de Paris, attaché à l'Établissement

Connue dès la plus haute antiquité, fréquentée par les Romains, qui en avaient fait une de leurs plus brillantes stations, n'ayant pas cessé jusqu'à ce jour d'attirer les Arabes qui y viennent en foule, la station thermo-minérale d'Hammam R'irha, grâce à de nombreux et récents travaux, répond aux besoins variés des malades qui demandent à ses différentes sources la guérison de leurs maux.

BAINS EUROPÉENS

TRAITEMENT EXTERNE

1° Sources chaudes captées dans deux larges piscines (l'une pour les dames, l'autre pour les hommes). Eau très limpide s'écoulant sans cesse. Température 43°, minéralisation puissante, combattant avec succès les rhumatismes, les suites de blessures de guerre, la goutte, les névralgies et certaines maladies de la peau parmi les plus rebelles.

2° Deux salles de douches froides et chaudes : douches écossaises, douches en cercle. Baignoires pour bains tempérés.

TRAITEMENT INTERNE

Source froide ferrugineuse, très agréable à boire avec le vin, excitant l'appétit et n'occasionnant jamais la constipation reprochée aux préparations de fer. Très efficace contre la chlorose, l'anémie et particulièrement celle qui persiste si longtemps à la suite des fièvres paludéennes, les gastralgies, les affections des reins et de la matrice, les suites de couches et la stérilité.

Quatre piscines complètement séparées sont réservées aux Arabes

Séparé par une gorge profonde des collines voisines que surmontent le pic du Zaccar, l'établissement, entouré de plantations, présente tout l'agrément et le confort désirables. Une magnifique terrasse domine toute la vallée de l'Oued-Djer. On y respire un air pur; l'élévation garantit des émanations paludéennes, et la brise de mer tempère les chaleurs de l'été.

À une petite distance de l'établissement se trouve une forêt de pins de 800 hectares, offrant aux promeneurs les plus délicieuses surprises; aux chasseurs une splendide chasse réservée, riche en gibier; aux malades, un air souverain pour les bronches délicates.

À tous ces avantages, Hammam R'irha en joint un autre estimable pour les Européens. Grâce à un ciel toujours clément, les malades peuvent y continuer, même en hiver, un traitement que la mauvaise saison eût interrompu dans les stations du continent. La situation d'Hammam R'irha, au centre de la colonie, à trois heures du chemin de fer d'Alger, en fait le rendez-vous naturel des Algériens, leur évitant ainsi tout voyage d'outre-mer.

Toutes les chambres ont des cheminées, sont très confortables et meublées avec goût. Salle à manger de 150 couverts; excellente cuisine, vaste salon avec bibliothèque française et étrangère, journaux, piano, musique, café avec salle de billard et salle de jeux.

Chevaux et mulets pour promenades.

Prix de la Pension complète, le service compris : Saison d'Été 10 fr. par jour; Saison d'Hiver, 13 fr. par jour

Station de Bou-Medfa, voitures à tous les trains

Pour renseignements, s'adresser à Alger, au CRÉDIT LYONNAIS, salon des Étrangers.

PARIS. — IMPRIMERIE MAYER ET Cⁱᵉ, 18, RUE RICHER.

www.ingramcontent.com/pod-product-compliance
Lightning Source LLC
Chambersburg PA
CBHW060929050426
42453CB00010B/1928